IORLUMUN TARLUMUN

Influência da comunicação agrícola na melhoria da agricultura

IORLUMUN TARLUMUN

Influência da comunicação agrícola na melhoria da agricultura

impacto da rádio na participação dos jovens na agricultura

ScienciaScripts

Imprint
Any brand names and product names mentioned in this book are subject to trademark, brand or patent protection and are trademarks or registered trademarks of their respective holders. The use of brand names, product names, common names, trade names, product descriptions etc. even without a particular marking in this work is in no way to be construed to mean that such names may be regarded as unrestricted in respect of trademark and brand protection legislation and could thus be used by anyone.

Cover image: www.ingimage.com

This book is a translation from the original published under ISBN 978-3-330-00976-9.

Publisher:
Sciencia Scripts
is a trademark of
Dodo Books Indian Ocean Ltd. and OmniScriptum S.R.L publishing group

120 High Road, East Finchley, London, N2 9ED, United Kingdom
Str. Armeneasca 28/1, office 1, Chisinau MD-2012, Republic of Moldova, Europe
Managing Directors: Ieva Konstantinova, Victoria Ursu
info@omniscriptum.com

Printed at: see last page
ISBN: 978-620-8-52927-7

Influência da comunicação agrícola na melhoria da agricultura

impacto da rádio na participação dos jovens na agricultura

BY

IORLUMUN TARLUMUN

Resumo

Este estudo explora o papel da radiodifusão, particularmente o "Farmers Digest" da Rádio Benue, na promoção da participação dos jovens na agricultura no Estado de Benue, Nigéria. A rádio há muito que é reconhecida como um meio eficaz de divulgação de informação, de definição de agendas e de promoção do desenvolvimento, especialmente nas comunidades rurais. A investigação avalia a eficácia do programa, a sua influência nas atitudes dos jovens em relação à agricultura e os desafios que limitam o seu impacto. Utilizando um método de inquérito, foram recolhidos dados de 382 inquiridos, revelando uma consciência significativa do papel do programa na divulgação de informação agrícola, encorajando o envolvimento dos jovens e moldando a opinião pública sobre a agricultura. No entanto, desafios como o financiamento inadequado, a programação deficiente, o controlo governamental e o equipamento obsoleto impedem o seu pleno potencial. As recomendações incluem um maior investimento, equipamento atualizado e melhores conteúdos para aumentar a participação dos jovens na agricultura, contribuindo para o desenvolvimento económico e a segurança alimentar na região

CAPÍTULO UM

INTRODUÇÃO

1.1 Antecedentes do estudo

O rádio como meio de transmissão provou ser um importante agente de socialização e ferramenta de mudança social, especialmente agora que as pessoas dependem das mensagens da mídia. A capacidade do rádio de definir a agenda da sociedade o posicionou estrategicamente como um agente de mudança, que possui a influência para moldar a opinião das massas (Nwosu, 2019). De acordo com Griffins (2015), pode ser possível usar os meios de comunicação social para levar as pessoas a agir em nome da sua própria saúde e bem-estar ou a fazer coisas certas. Desde ajudar com competências básicas de leitura até fornecer informações sobre aspectos políticos, económicos, culturais e outros aspectos importantes da vida.

De acordo com Okunna (2019), os meios de comunicação social desempenham uma série de funções que beneficiam o indivíduo e a sociedade em geral. Essas funções variam de funções informativas e educacionais sérias a funções mais leves, como entretenimento. As funções da imprensa escrita na sociedade incluem o fornecimento de informações, ou seja, o fluxo constante de informações sobre eventos e acontecimentos na sociedade. Uma das consequências positivas desta função é a orientação que dá aos indivíduos na sua vida quotidiana. Além disso, outra função dos meios de comunicação social é a interpretação das notícias, ou seja, a função de interpretar adequadamente as notícias e a informação de modo a evitar uma sensibilização excessiva e a induzir uma ação adequada ou necessária. Inclui prescrever o que fazer, como fazer e porque é que é necessário fazer.

Educação: A rádio ajuda a unificar a sociedade e aumenta a coesão social ao defender o ensino de uma ampla base de normas sociais comuns, valores e experiências colectivas. A rádio fá-lo principalmente através da educação informal (aprendizagem inconsciente) e da educação não formal (tentativa de transmitir conhecimentos fora do sistema escolar formal).

A rádio é o instrumento mais poderoso para a formação da opinião pública nos tempos actuais. Através da divulgação de informação e educação, a rádio ajuda a definir uma agenda para as pessoas, influenciando e moldando assim a opinião pública. O poder dos media noticiosos para definir a agenda de uma nação, para concentrar a atenção do público em algumas questões públicas fundamentais, é uma influência imensa e bem documentada. Não só as pessoas adquirem informações factuais sobre assuntos públicos através dos meios de comunicação social, como os leitores e os telespectadores também aprendem a dar importância a um tópico com base na ênfase que lhe é dada nas notícias (McCombs 1972). A rádio fornece uma série de pistas sobre a importância dos tópicos nas notícias diárias, comentários de notícias, outros programas de radiodifusão, etc. Os noticiários radiofónicos também oferecem numerosas pistas sobre a saliência - a história de abertura do noticiário, a duração do tempo dedicado à história, etc. Estas pistas, repetidas dia após dia, comunicam efetivamente a importância de cada tópico. Por outras palavras, os meios de comunicação social podem definir a agenda da atenção do público para aquele pequeno grupo de questões em torno das quais se forma a opinião pública (Lippman 1922).

A radiodifusão foi identificada como o meio com maior potencial de eficácia nos países em desenvolvimento. Oso (2012, p.153) confirma esta afirmação quando diz que: "Sem dúvida, ela (a rádio) tem o maior alcance, tendo penetrado em todos os cantos e recantos destes países (países em desenvolvimento). É o meio de comunicação de massas mais barato e mais acessível. Como demonstrou o vendedor de Suya Hausa-Fulani ou o criador de gado ou a mulher do mercado de Dugbe em Ibadan, tudo o que é preciso para ter acesso a um programa de rádio é um ouvido a funcionar". Além disso, Oyeyinka, Bello e Ayinde (2014) argumentam que a rádio é um dos vários veículos em que a informação está a ser transferida na Nigéria e no mundo em geral. Foi reconhecida em muitos textos como o mais utilizado. A razão para a sua ampla aceitação não pode ser separada do facto de ser barato de adquirir e poder ser operado com ou sem eletricidade, desde que existam pilhas secas disponíveis. Isto justifica a razão pela qual o seu público não se limita a pessoas alfabetizadas e maioritariamente habitantes das cidades, mas também a pessoas das zonas mais remotas do mundo, ou seja, as populações rurais.

O poder da rádio não é limitado ou peculiar apenas à Nigéria, mas à maioria das nações em desenvolvimento. Myers (2018) afirmou que a rádio é o meio de comunicação de massas dominante em África, com o maior alcance geográfico e as maiores audiências em comparação com a televisão, os jornais e outras tecnologias de informação e comunicação (TIC). Em geral, a rádio está a desfrutar de um renascimento e o número de pequenas estações locais explodiu nos últimos vinte anos, devido à democratização e à liberalização do mercado e também a tecnologias mais acessíveis. De acordo com Myers (2018), a rádio parece ter provado ser uma ferramenta de desenvolvimento, particularmente com o surgimento de rádios comunitárias e locais, que facilitaram um tipo de comunicação muito mais participativo e horizontal do que era possível com o modelo de transmissão mais antigo e centralizado das décadas de 1960 e 70.

A rádio provou, ao longo do tempo, ser um meio eficaz para causar impacto e provocar mudanças significativas na sociedade. Tem sido utilizada em algumas campanhas muito notáveis, como a campanha contra a toxicodependência, a campanha contra a covid-19, etc. Durante a pandemia de covid-19, programas de rádio como o *Radio Doctor* desempenharam um papel importante, uma vez que forneceram actualizações diárias sobre o número de infecções de doentes, quer este aumentasse ou diminuísse em todo o mundo. Além disso, o nível sem precedentes de informação em tempo real disponível para o público ajudou-o a tomar decisões de saúde informadas (Smith, 2020).

A agricultura é um sector vital na Nigéria, proporcionando emprego e contribuindo significativamente para a economia do país. No entanto, o sector tem enfrentado desafios, incluindo o envelhecimento da população agrícola e o declínio do interesse dos jovens pela agricultura. Para resolver esta questão, os investigadores examinaram a influência dos programas agrícolas da rádio no incentivo à participação dos jovens na agricultura.

Ozowa (2015) observou que o sucesso dos programas de desenvolvimento agrícola nos países em desenvolvimento depende em grande medida da natureza e da extensão da utilização dos meios de comunicação social na mobilização dos agricultores para a necessidade de desenvolvimento. A comunicação tem sido reconhecida por desempenhar um papel proeminente no sucesso da produção agrícola e na adoção de inovações. Os responsáveis pelo planeamento nos países em desenvolvimento aperceberam-se de que o desenvolvimento da agricultura poderia ser acelerado com a utilização eficaz dos meios de comunicação social (rádio).

Ao longo dos anos, tem-se registado uma mudança de atitude dos jovens em relação à agricultura, uma vez que um grande número deles tem frequentemente migrado das zonas rurais para os centros urbanos em busca de empregos de colarinho branco. Esta evolução representa um sério desafio para a produção alimentar, uma vez que os jovens enérgicos que deveriam permanecer na aldeia e contribuir para a segurança alimentar abandonaram a agricultura por empregos como seguranças, empregados de mesa, jardineiros, etc., nas cidades e nas grandes cidades (Dwight, 2019). A escassez de jovens agricultores levou a que a produção alimentar dependesse apenas dos ombros de agricultores idosos e fracos, que já não têm a força necessária para actividades agrícolas maciças. Os programas de rádio podem ser fundamentais para fornecer informações agrícolas práticas, partilhar histórias de sucesso de jovens agricultores e abordar os desafios e equívocos associados à agricultura. Esta abordagem alinha-se com o objetivo mais amplo de aproveitar a energia e a criatividade da juventude da Nigéria para transformar o sector agrícola e impulsionar o desenvolvimento económico sustentável (Onu, 2020).

1.2 Declaração do problema

Os programas de desenvolvimento agrícola nos países em desenvolvimento dependem em grande medida da natureza e da extensão da utilização dos meios de comunicação social na mobilização dos agricultores para a necessidade de desenvolvimento. Agada (2014), no seu estudo, constatou que os jovens abandonaram a agricultura e outras actividades agrícolas com uma produção económica potencialmente elevada para se deslocarem aos centros urbanos em busca de empregos de colarinho branco.

Por conseguinte, o presente estudo procura investigar em que medida o Radio Benue's *Farmers Digest* influencia e contribui para a participação dos jovens na agricultura, examinando os factores que incentivam ou desencorajam os jovens de se envolverem em actividades agrícolas após a exposição ao programa, com o objetivo de identificar as estratégias para aumentar a participação dos jovens na agricultura no Estado de Benue.

1.3 Objectivos do estudo

O objetivo geral deste estudo é avaliar a influência do programa Radio Agricultural na participação dos jovens na agricultura no Estado de Benue: Um estudo do *Farmers Digest* da Rádio Benue. Os objectivos específicos são os seguintes

1. Descubra o papel do *Farmers Digest* da Radio Benue na promoção da participação dos jovens na agricultura no Estado de Benue.
2. Determinar a eficácia do *Farmers Digest* da Radio Benue na promoção da participação dos jovens na agricultura no Estado de Benue.
3. Estabelecer os desafios que impedem a Radio Benue's *Farmers Digest* de promover a participação dos jovens na agricultura no Estado de Benue.
4. Propor soluções para os desafios que impedem *o Farmers Digest* da Radio Benue de promover a participação dos jovens na agricultura no Estado de Benue.

1.4 Questões de investigação

1. Qual é o papel do *Farmers Digest* da Radio Benue na promoção da participação dos jovens na agricultura no Estado de Benue?

2. Qual a eficácia do *Farmers Digest* da Radio Benue na promoção da participação dos jovens na agricultura no Estado de Benue?

3. Quais são os desafios que impedem o *Farmers Digest* da Radio Benue de promover a participação dos jovens na agricultura no Estado de Benue?

4. Qual é a solução para os desafios que impedem *o Farmers Digest* da Radio Benue de promover a participação dos jovens na agricultura no Estado de Benue?

1.5 Importância do estudo

Este estudo será benéfico das seguintes formas;

Em primeiro lugar, beneficiará o público em geral, na medida em que os resultados deste estudo os exporão às importantes contribuições da rádio no incentivo à participação dos jovens na agricultura. Em segundo lugar, o estudo beneficiará as estações de rádio, na medida em que os resultados lhes revelarão as áreas em que estão a ficar para trás no incentivo à participação dos jovens na agricultura e como podem melhorar.

Por último, será de grande importância para os investigadores e outros estudiosos da comunicação de massas, uma vez que o estudo lhes servirá de material de referência. Também conduzirá a mais investigação sobre a influência dos programas agrícolas da rádio no incentivo à participação dos jovens na agricultura.

1.6 Âmbito do estudo

Este estudo tem por objetivo avaliar a influência do programa Radio Agricultural na participação dos jovens na agricultura no Estado de Benue: Um estudo do *Farmers Digest* da Rádio Benue. Será delimitado geograficamente para abranger o Estado de Benue.

1.7 Definição operacional dos termos

Agricultura: Trata-se do cultivo de culturas que é incentivado pelo programa agrícola *Farmers Digest* da Radio Benue.

Programa agrícola: Este é o programa da Radio Benue que tem por objetivo incentivar a participação dos jovens na agricultura do Estado de Benue.

Influência: Este é o impacto do programa *Farmers Digest* da Rádio Benue no incentivo à participação dos jovens na agricultura no Estado de Benue.

Rádio: Este é o dispositivo eletrónico utilizado na divulgação de programas agrícolas aos jovens do Estado de Benue.

Programa: Esta é a ideia ou mensagem na Rádio Benue que diz respeito à promoção dos jovens na agricultura no Estado de Benue.

Jovens: Refere-se aos jovens do Estado de Benue, a quem o *Farmers Digest* da Radio Benue procura incentivar a sua participação na agricultura.

Participação dos jovens:` Trata-se do envolvimento dos jovens nas actividades agrícolas através da influência dos programas agrícolas da rádio.

CAPÍTULO DOIS

REVISÃO DA LITERATURA

2.1 Revisão de conceitos

Os conceitos de rádio, programas agrícolas e agricultura serão revistos.

2.1.1 Rádio

Contemporaneamente, a rádio tem sido definida por muitos comunicadores de desenvolvimento como o meio do povo e o único meio de comunicação de massas que chega a todos os segmentos da sociedade. Antes desta afirmação, Meyers, (20()8) afirma que a rádio continua a ser o meio de comunicação de massas dominante, com o maior alcance geográfico e as audiências mais elevadas do que a televisão (TV). Gerard (1999) postula que, mais de oitenta anos após a fundação da primeira estação de rádio do mundo, a rádio continua a ser o meio de comunicação de massas mais difundido, acessível, económico e flexível disponível no mundo, acrescentando que os baixos custos de produção e distribuição da rádio tornaram possível a interpretação do mundo em línguas locais.

De acordo com Okigbo (1995) e Moemeka (1981), a propriedade generalizada, a acessibilidade e o imediatismo da rádio, para além de ser o "único meio de comunicação de massas com o qual as comunidades rurais estão familiarizadas". (a verdade é que, sendo a rádio o meio de comunicação mais acessível, o desenvolvimento rural integrado desempenha um papel de "telefone comunitário" em muitas zonas rurais isoladas, com várias horas de anúncios de morte, um dia reservado à difusão de convites pessoais para festas, conversas com agricultores e, por vezes, pedidos de assistência comunitária de emergência e ajuda humanitária (Meyers, 2008).

Okigbo, (1995) argumenta que a rádio tem uma grande desvantagem: é um meio apenas áudio, o que dificulta as demonstrações práticas que são importantes nos esforços de desenvolvimento rural. No entanto, apesar desta limitação, argumenta, a rádio provou ser um meio prioritário para o desenvolvimento rural. Através de conversas, entrevistas, reportagens e revistas, notícias, comentários, discussões e relatórios, a rádio pode afetar positivamente as actividades de desenvolvimento nas comunidades rurais. Em muitas zonas rurais, a rádio é a única fonte de preços de mercado para as culturas e, por conseguinte, a única defesa contra os especuladores. Para além disso, é utilizada em programas de extensão agrícola como veículo de educação formal e não formal.

Meyers (2008) e McLeish (1999) argumentam que as estações de rádio podem ser divididas em rádio pública; rádio comercial privada; quatro categorias: rádio controlada pela comunidade e rádio internacional. No entanto, como Meyers argumenta, há muita sobreposição, as estações comerciais privadas têm audiências maiores do que as rádios governamentais em muitos países. Nalguns países, a rádio estatal, embora apelidada de "serviço público", pode não ter capacidade para chegar a algumas das zonas rurais devido a transmissores fracos e à falta de capacidade para atender aos grupos linguísticos locais.

Na prática, Servaes (2008) afirma que existem quatro caraterísticas mais importantes da rádio que contribuem para a sua força como meio de desenvolvimento - a sua natureza local e a capacidade de envolver as comunidades locais em processos interactivos. De acordo com McLeish (199)). existem mais de dez caraterísticas da' rádio; este estudo, no entanto, examina como quatro caraterísticas funcionam para o desenvolvimento rural. De acordo com MacNany (1973) e Meyers (2008), as quatro fazem da rádio um dos recursos mais promissores que os países têm para os seus esforços de desenvolvimento e mudança social em ambientes rurais.

2.1.2 Programa de rádio

Um programa de rádio é definido como uma mensagem embalada que uma estação de rádio transmite ou divulga aos ouvintes. A mensagem é geralmente embalada de forma criativa para satisfazer uma ou outra necessidade de informação.

Estas necessidades podem geralmente incluir informação, educação e entretenimento. Os ouvintes, por seu lado, escolhem, assistem, percebem e retêm as mensagens de forma selectiva, com base nas suas necessidades individuais, crenças, expectativas, etc. No entanto, a seguinte visão desencorajadora fornecida por Onabajo (2000) põe em evidência o estado insatisfatório da programação na Nigéria como um todo, Ele observa que: "Os programas são de natureza elitista e pouco beneficiam os habitantes das zonas rurais, que constituem 70% da população do país. Embora a transmissão de notícias seja comum a quase todas as estações. O enfoque nas actividades governamentais a nível da estação e a nível nacional são caraterísticas comuns". Se os programas são de natureza elitista e pouco beneficiam os habitantes das zonas rurais [que constituem cerca de 70% da população do país], isso significa que os meios de comunicação social falharam no seu papel de informar, entreter e educar adequadamente as massas.

Uma vez que os meios de comunicação social funcionam em consonância com as crenças da comunidade em que operam, de acordo com a teoria da responsabilidade social, surge, portanto, a necessidade de conciliar a independência dos meios de comunicação social [rádio] com a obrigação que devem desempenhar na sociedade. Esta constatação coloca em evidência a ideia de estrutura de propriedade e de controlo. Durante muito tempo, tanto as estações privadas como as estatais/públicas na Nigéria funcionaram sob uma atmosfera autoritária, especialmente durante os regimes militares (Oketunmbi, 2006 & 2007). Idowu, (1981) afirma que: os compromissos do governo são simplesmente demasiados e demasiado exigentes para financiar as operações dos meios de comunicação social em grande parte com subsídios do governo. Sugeriu que o governo deveria privatizar e comercializar os media. Atualmente, a situação mudou, pois a Comissão Nigeriana de Radiodifusão concedeu licenças a muitas estações privadas de rádio e televisão em todo o país (Oketunmbi, 2006 & 2007).

2.1.3 Programa agrícola

Um programa é um sistema de projectos ou serviços destinados a satisfazer necessidades públicas. Ajay, (2008) definiu programa como um esforço planeado e sistemático para modificar ou desenvolver conhecimentos, competências e atitudes através da experiência de aprendizagem para alcançar um desempenho eficaz numa atividade. O êxito dos programas agrícolas nos países em desenvolvimento depende em grande medida da natureza e da extensão dos meios de comunicação de massas utilizados para mobilizar os agricultores para o desenvolvimento agrícola. Reconheceu-se que a comunicação desempenha um papel proeminente no êxito da produção agrícola e na adoção de medidas que permitem acelerar o desenvolvimento da agricultura através da utilização eficaz dos meios de comunicação social.

De acordo com Buren (200:20), os objectivos dos programas agrícolas consistem em criar programas de intervenção política, tais como

- Programa Nacional de Produção Alimentar Acelerada (NAFPP)
- Operação Alimentar a Nação (OFN).

Os programas agrícolas são transmitidos através da rádio porque é um meio barato e facilmente acessível através do qual a informação agrícola é entregue aos agricultores, Okwn kuku e Aba (2007:14)

Da mesma forma, Okwu e Daudu (2018) afirmam que os programas de rádio agrícola cobrem vários aspectos da agricultura, incluindo produção agrícola, pecuária, pesca, bem como colheita, processamento de armazenamento, estratégias de marketing e informações sobre crédito e empréstimo. De acordo com Isreal e Wilson (2006), o desenvolvimento e a compreensão do público-alvo e do canal utilizado pelos produtores para obter informações é um pré-requisito para programas agrícolas eficientes, porque os programas que não são ouvidos não podem provocar mudanças, pelo que a rádio é o canal mais eficiente e ideal para programas de emancipação rural.

2.2 Revisão da literatura relacionada

2.2.1 O papel da rádio no desenvolvimento agrícola

A importância da rádio como meio de comunicação de massas no reforço das actividades agrícolas na Nigéria é enorme. Antes da descoberta do petróleo bruto, a agricultura era o principal sector da economia da Nigéria e era o que mais empregava mão de obra no país. Mais de oitenta por cento da população nigeriana são agricultores e residem nas zonas rurais. A acessibilidade das mensagens radiofónicas nas zonas rurais onde se realizam as actividades agrícolas fez da rádio um poderoso instrumento de comunicação entre as comunidades rurais de países em desenvolvimento como a Nigéria. As mensagens agrícolas na rádio podem chegar aos agricultores em zonas remotas isoladas pelo terreno ou pelas condições climatéricas (Youdeowei, 2018).

Kombol (2012) afirma que a comunicação agrícola está intimamente relacionada com o ensino agrícola como profissão. Com base na afirmação de Kombol, a rádio, como meio de comunicação de massas, é uma ferramenta importante para o ensino agrícola. Além disso, Kombol afirma que a comunicação agrícola começou no início do século XVIII como um meio de chegar aos agricultores de zonas rurais distantes e isoladas com informações vitais que melhoram a produção e ajudam a resolver problemas comuns na exploração agrícola. Devido à vantagem da rádio em chegar às comunidades rurais durante a realização de trabalhos agrícolas, a rádio tornou-se um instrumento poderoso na transmissão de mensagens educativas aos agricultores.

Ordan (2012) afirmou que as mensagens radiofónicas podem difundir e reforçar a informação agrícola junto dos agricultores, mas é importante que a informação seja utilizada e não seja interrompida no caminho. Tem de continuar a ser difundida e reforçada por canais interpessoais. Segundo Nwanwene (2012), a rádio também pode estimular a tomada de decisões e a discussão entre grupos de agricultores previamente organizados, o que provoca uma série de reacções à medida que os agricultores individuais transmitem as suas experiências, exprimem os seus receios e procuram obter esclarecimentos junto de especialistas.

A comunicação agrícola é um domínio distinto. Marti, (2019) observa que, nos Estados Unidos, a comunicação agrícola começou em 1800 com uma liga de editores, escritores e repórteres vibrantes que definiram o campo e o estabeleceram como uma entidade separada, diferente de outros tipos de comunicação, por exemplo, comunicação empresarial, comunicação desportiva, reportagem jurídica.

Naqueles primeiros tempos, os pioneiros da comunicação agrícola procuraram encorajar a agricultura e retrataram-na como uma empresa comercial e um modo de vida. Na década de 1980, a comunicação agrícola nos EUA sofria de uma diminuição de leitores, uma vez que outras actividades pareciam mais criativas. Esta situação resultou em fracos números de vendas e na redução dos anúncios colocados na publicação agrícola. Em 1987, a capital ABC Inc. comprou 12 publicações agrícolas ao seu congénere Brace Jovanorich. Lenhert (1991:20), editor de uma das publicações afectadas (Michigan farmer), escreveu sobre as implicações desta aquisição.

> A Michigan Farmer deixaria de ser uma revista exclusivamente dedicada à agricultura do Michigan: após esta aquisição, restariam muito poucas revistas agrícolas dedicadas a este estado. Em vez disso, pelo menos um terço do conteúdo da Michigan farmer viria de outros estados, passando de questões que preocupam os agricultores do Michigan interessados na liderança agrícola e nas infra-estruturas do estado para testemunhos e recomendações sobre culturas como o milho e a soja, comuns a muitos estados.

Garrat, (2014) identifica cinco princípios básicos que são necessários para promover o uso da rádio entre os agricultores. Há pesquisa de audiência, máxima participação, sensibilidade à cultura e religião, incentivo à participação e questões actuais. O autor enumerou ainda estratégias utilizadas na rádio, tais como: radiodifusão aberta, rádio instrutiva, fórum rural de rádio e animação de rádio.

Além disso, Kombol, (2012) observa que a comunicação agrícola é deliberada e visa um objetivo específico. Independentemente da sua fonte, a comunicação de natureza agrícola procura persuadir, informar, educar, demonstrar ou servir de plataforma de interação. Os programas de rádio sobre agricultura têm de ser persuasivos. Os agricultores, especialmente os que trabalham na agricultura, precisam de ser persuasivos. Os agricultores, especialmente os dos países em desenvolvimento da África subsaariana, da América Latina e do Sudeste Asiático, precisam de muita convicção para mudar de métodos agrícolas primitivos e adotar a mecanização, de modo a pôr fim a práticas prejudiciais para a terra e também para formar sociedades cooperativas, a fim de melhorar o seu bem-estar comum. A persuasão e a adoção de inovações é um processo complexo, mesmo quando os agricultores podem comprar máquinas, os benefícios dessas máquinas têm de ser expostos para que eles tenham uma compreensão adequada desses benefícios. Da mesma forma, a comunicação agrícola que procura convencer os agricultores a utilizar sementes de arroz melhoradas é também persuasiva, pois apresenta os benefícios que os agricultores têm a ganhar com a utilização destas sementes, especialmente os potenciais de lucro na colheita (Donkin, 2019).

Mais ainda, os programas de rádio são educativos, porque a agricultura é uma competência que se adquire através da aprendizagem, que apresenta uma situação de "professor-aprendiz". A comunicação agrícola é educativa quando ensina uma competência. Por exemplo, a aplicação de fertilizantes numa exploração agrícola de inhame tem de ser ensinada em termos práticos, uma vez que práticas agrícolas como a criação de aves são tarefas tediosas e delicadas que requerem um conhecimento profundo e a experiência de outros agricultores qualificados (Agada, 2012).

Além disso, os agricultores residem maioritariamente no interior das zonas rurais, onde a maior parte deles desconhece os métodos agrícolas melhorados. É aqui que entra em jogo o papel informativo da comunicação agrícola. Os programas de rádio sobre agricultura são informativos para os agricultores, que precisam de saber os preços dos produtos no mercado. Quando os agricultores desconhecem a flutuação dos preços dos produtos agrícolas, tendem a fazer vendas em alturas erradas. Por conseguinte, a informação é vital na comunicação agrícola.

2.2.2 Influência da comunicação agrícola na melhoria da agricultura

A comunicação agrícola é um domínio que se centra na comunicação de informações relacionadas com a agricultura entre as partes interessadas agrícolas e entre as partes interessadas agrícolas e não agrícolas. A agricultura é definida de forma abrangente nesta disciplina , incluindo não só a agricultura, mas também os alimentos, as fibras (por exemplo, o algodão), os animais, as questões rurais e os recursos naturais. A comunicação agrícola é efectuada formal e informalmente pela extensão agrícola e é considerada relacionada com a comunicação científica. No entanto, evoluiu para o seu próprio domínio profissional.

Por definição, os comunicadores agrícolas são comunicadores científicos que lidam exclusivamente com a ciência e a atividade diversificada e aplicada que é a agricultura. Espera-se que um comunicador agrícola "traga consigo um nível de conhecimentos especializados no domínio agrícola que normalmente não é exigido ao comunicador de massas" (Chekwendu; 1997). A comunicação agrícola também aborda todas as áreas temáticas relacionadas com as complexas empresas de géneros alimentícios, alimentos para animais, fibras, energias renováveis, gestão dos recursos naturais, desenvolvimento rural e outras, a nível local e global. Além disso, abrange todos os participantes, desde os cientistas aos consumidores - e todas as fases dessas empresas, desde a investigação e produção agrícola até à transformação, comercialização, consumo, nutrição e saúde. Um mercado crescente de jornalistas e radialistas agrícolas levou à criação das disciplinas académicas de jornalismo agrícola e de comunicação agrícola.

O aumento da produtividade agrícola está frequentemente associado a questões de sustentabilidade e desenvolvimento sustentável. As mudanças nas práticas agrícolas implicam necessariamente mudanças na procura de recursos. Isto significa que, à medida que as regiões implementam medidas para aumentar a produtividade das suas terras agrícolas, têm também de encontrar formas de garantir que as gerações futuras também terão os recursos de que necessitam para viver e prosperar. Uma dessas formas é a utilização de extensionistas.

A comunicação é uma questão vital na agricultura, transmitindo práticas agrícolas melhoradas e recomendadas através dos extensionistas aos clientes, de modo a melhorar a sua produção agrícola e a comercialização dos seus produtos (Chekwendu; 1997). Por outro lado, a extensão agrícola é uma educação fora da escola para a população rural. Um agente de extensão é responsável por fornecer conhecimentos e informação sobre inovações específicas e, através da comunicação, transmite-os aos agricultores.

O conhecimento e a informação são essenciais para que as pessoas possam responder com êxito às oportunidades e aos desafios das mudanças sociais, económicas e tecnológicas, incluindo as que contribuem para melhorar a produtividade agrícola, a segurança alimentar e os meios de subsistência rurais. Mas, para serem úteis, os conhecimentos e a informação devem ser comunicados de forma eficaz às pessoas.

O trabalho de extensão depende do agente de extensão, que é considerado como um elemento fundamental da atividade. Se o agente não conseguir comunicar eficazmente, por muito importantes que sejam os meios fornecidos e os recursos afectados a um trabalho de extensão, o seu impacto não se fará sentir. De facto, a eficácia dos agentes de extensão determina frequentemente o êxito ou o fracasso de um programa de extensão. Um agente de extensão trabalha habitualmente com pessoas, é um profissional com formação académica que trabalha com agricultores, muitos dos quais podem ter tido pouca ou nenhuma educação formal e vivem em zonas rurais (Onyibe, 2002).

O papel básico de um agente de extensão é introduzir mudanças nas zonas rurais, tais como novas competências para melhorar ou impulsionar a produção agrícola e a comercialização desses produtos. O método e a linguagem utilizados para comunicar estes factos são essenciais. Por conseguinte, é necessário analisar as áreas que podem permitir lacunas na comunicação entre um extensionista e o seu cliente, o que tem sido uma das principais razões pelas quais os clientes se desviam da informação que lhes é transmitida pelos extensionistas.

O problema do acesso multilingue aos recursos de informação pode ser visto como uma extensão dos problemas gerais de recuperação da informação e está a tornar-se cada vez mais relevante. O inglês tem-se mantido incontestado como língua dominante, mas é agora necessário prestar atenção a outras línguas e, subsequentemente, ao desenvolvimento de ferramentas e metodologias que o permitam. Consequentemente, a missão urgente é derrubar a barreira linguística para alargar o acesso à informação ao multilinguismo. Combinando a recuperação de informação com a tradução de línguas, o sistema de acesso à informação multilingue permite que os utilizadores monolingues acedam à informação noutras línguas utilizando as suas próprias línguas maternas (Omenesa; 1992). Esta técnica tem sido explorada em muitos países da Ásia, como o Japão, o Vietname, a Tailândia, a China e a Indonésia, com a consequente transformação da agricultura e melhoria da economia.

Na Nigéria, o baixo nível de literacia dos agricultores torna necessária a utilização de um sistema multilingue para fornecer informação agrícola nas línguas nigerianas, o que maximizará a exploração de todo o potencial dos serviços de informação. Isto permitirá que a mensagem da extensão chegue a todos os agricultores, independentemente da sua língua materna ou língua étnica.

Os benefícios dos programas e políticas de comunicação para o desenvolvimento agrícola na Nigéria são, de facto, enormes. Os programas de televisão e de rádio só podem ser bem sucedidos se forem concebidos, embalados e executados profissionalmente por peritos dos meios de comunicação social e especialistas em comunicação. Estes indivíduos devem atrair a atenção dos governos para que proporcionem aos agricultores rurais facilidades de crédito, mercados e outros recursos.

Em última análise, haverá um melhor desenvolvimento rural e, por extensão, um desenvolvimento nacional. Por conseguinte, a opinião de Enyi continua a ser instrutiva (2014:14):

> Os meios de comunicação social têm tido um fraco desempenho na divulgação da informação agrícola necessária aos agricultores. No entanto, a comunicação

eficaz dos novos resultados da investigação e das novas tecnologias no domínio do desenvolvimento agrícola aos agricultores rurais continua a ser uma estratégia promissora para aumentar o desenvolvimento agrícola.

Não há dúvida de que a agricultura está de novo na agenda do desenvolvimento. Mas, apesar das promessas e da retórica dos governos de todo o mundo, o investimento na agricultura e no desenvolvimento rural continua a ser insuficiente. A comunicação para a agricultura também não é vista como uma prioridade importante, nem a nível nacional nem internacional, e o papel dos meios de comunicação social como ator eficaz no desenvolvimento agrícola e rural é subestimado. A informação sobre a agricultura limita-se, em grande medida, às catástrofes naturais, à escassez de alimentos e ao aumento dos preços dos produtos alimentares. No entanto, há quem defenda que os meios de comunicação social têm um papel potencialmente mais vasto na promoção da agricultura junto dos decisores e do público em geral, bem como na comunicação das necessidades dos agricultores.

O papel dos meios de comunicação social no desenvolvimento agrícola e rural foi o tema do seminário anual de 2009 do CTA, o Centro Técnico de Cooperação Agrícola e Rural (CTA), uma instituição que trabalha no domínio da informação para o desenvolvimento. Mais de 150 jornalistas, especialistas em comunicação e profissionais do desenvolvimento reuniram-se em Bruxelas para debater os constrangimentos, os desafios e as oportunidades para os meios de comunicação social promoverem um desenvolvimento agrícola mais eficaz. Trata-se da ideia de transmitir informações ou comunicar a um número muito grande de pessoas que habitam em diferentes locais ou sítios ao mesmo tempo. As distâncias entre as várias pessoas nunca são uma barreira, nem afectam o conteúdo e a estrutura da mensagem (Enyi, 2014:15).

Os meios de comunicação social desempenham várias funções importantes para a sociedade e para os indivíduos, fornecendo não só informação, mas também oferecendo uma forma de escapar ao problema com que nos confrontamos. A sua função de vigilância tem a ver com a recolha e divulgação de informações sobre questões locais, nacionais e internacionais. Essas questões podem ir do político ao económico e ao social. Paul Van Mele, um cientista do Centro Africano do Arroz, afirma o seguinte

> De entre tantos canais, os meios de comunicação social convencionais, a rádio e a televisão tornaram-se forças poderosas, acessíveis e relevantes de inovação e transformação agrícola para os decisores políticos nigerianos, que aproveitaram o seu potencial para lançar inovações nos agricultores. A televisão provou ser um meio poderoso e de baixo custo para a extensão de agricultor para agricultor e para expor as comunidades rurais a novas ideias e práticas. As inovações dos agricultores são muitas vezes moldadas por limitações de capital e dependem principalmente de recursos disponíveis localmente, dos quais o conhecimento é um fator chave (NAERLS, PCU Report, 2004; 89).

O desenvolvimento rural tem pouca cobertura mediática. A maioria dos repórteres considera a questão de pouco interesse e relega os artigos sobre ela para os cantos mais afastados das notícias. Além disso, a prova deste facto é a raridade de emissões especializadas sobre agricultura (Wood, 1997:12). O problema explica-se, em parte, pela falta de formação no domínio do jornalismo agrícola, uma vez que a recolha e a difusão deste tipo de informação requerem experiência e uma variedade de competências. Os conhecimentos de agronomia, de economia, de nutrição e de ambiente são pré-requisitos para os jornalistas que pretendem compreender as questões agrícolas. Ao contrário de outros sectores, como o da saúde humana, não existe praticamente nenhum programa completo de jornalismo agrícola disponível na Nigéria que tenha em conta todos estes diferentes aspectos.

2.3 Revisão de estudos empíricos/trabalhos

Adah (2019) realizou um estudo intitulado "Impacto dos programas agrícolas de rádio na participação dos jovens na agricultura: Um Estudo de Caso do Estado de Benue". O objetivo do estudo era examinar até que ponto os programas agrícolas de rádio influenciam a participação dos jovens na agricultura no Estado de Benue e identificar os factores que impedem ou facilitam o envolvimento dos jovens na agricultura após a exposição a programas agrícolas de rádio. Este estudo utilizou uma abordagem de método misto envolvendo inquéritos e entrevistas. Foi aplicado um questionário a uma amostra de jovens participantes em actividades agrícolas que tinham sido expostos a programas agrícolas de rádio. Além disso, foram realizadas entrevistas aprofundadas com as principais partes interessadas do sector agrícola.

O estudo concluiu que os programas agrícolas da rádio têm uma influência significativa na participação dos jovens na agricultura no Estado de Benue, com a maioria dos inquiridos a indicar um aumento do seu interesse e envolvimento em actividades agrícolas após a exposição a esses programas. Apesar do impacto positivo, o estudo identificou vários desafios, como o acesso limitado à terra, a falta de capital e serviços de extensão inadequados, que impedem o envolvimento dos jovens na agricultura, mesmo após a exposição a programas agrícolas de rádio.

O estudo concluiu que os programas agrícolas de rádio desempenham um papel crucial na promoção da participação dos jovens na agricultura no Estado de Benue. No entanto, a abordagem dos desafios sistémicos para além da disseminação de informação é essencial para sustentar e aumentar o envolvimento dos jovens no sector. O estudo recomendou que os decisores políticos e as partes interessadas se concentrem na resolução de barreiras estruturais, como o acesso à terra, o financiamento e os serviços de extensão, para aproveitar plenamente o potencial dos programas agrícolas de rádio no estímulo ao envolvimento dos jovens na agricultura.

Ortese, & Ogbole (2020) fizeram um estudo sobre "Envolvimento dos jovens na agricultura: The Role of Radio Agricultural Programs in Benue State". Os objectivos eram avaliar a eficácia dos programas agrícolas de rádio no aumento da participação dos jovens na agricultura no Estado de Benue e explorar as percepções dos jovens sobre a relevância e o impacto dos programas agrícolas de rádio no seu envolvimento em actividades agrícolas. Esta investigação utilizou uma abordagem qualitativa, recorrendo a discussões em grupos de discussão e entrevistas semi-estruturadas com jovens participantes envolvidos em actividades agrícolas no Estado de Benue. Os dados recolhidos foram analisados tematicamente para identificar padrões e temas.

O estudo revelou que os programas agrícolas de rádio servem como uma fonte vital de informação e inspiração para os jovens interessados na agricultura, contribuindo para aumentar o conhecimento e a aquisição de competências entre os participantes. No entanto, a eficácia destes programas em traduzir o conhecimento em ação variou entre os participantes, com factores como o acesso a recursos, o estatuto socioeconómico e os sistemas de apoio a influenciarem a extensão do envolvimento dos jovens na agricultura.

O estudo concluiu que os programas agrícolas de rádio desempenham um papel significativo na formação das atitudes e percepções dos jovens em relação à agricultura no Estado de Benue. Embora sirvam como um catalisador importante para aumentar o interesse e o conhecimento, é essencial abordar as barreiras sistémicas para garantir a participação sustentada dos jovens no sector. O estudo recomendou que os decisores políticos e as partes interessadas se concentrassem na implementação de estratégias abrangentes que vão além da divulgação de informações para enfrentar os desafios estruturais, como o acesso à terra, ao financiamento e às infra-estruturas de apoio, promovendo assim um ambiente propício ao envolvimento dos jovens na agricultura.

Iorliam, & Achinge (2018) investigaram a "Avaliação do impacto dos programas agrícolas de rádio na participação dos jovens na agricultura: Evidence from Benue State". O estudo procurou avaliar o impacto dos programas agrícolas de rádio sobre o conhecimento e a consciência dos jovens em relação às práticas agrícolas no Estado de Benue e avaliar os fatores que influenciam a tomada de decisões dos jovens em relação ao envolvimento agrícola após a exposição a programas agrícolas de rádio.

Este estudo empregou um projeto de investigação quantitativa, utilizando questionários estruturados administrados a uma amostra de jovens participantes que foram expostos a programas agrícolas de rádio no Estado de Benue. Foram utilizadas estatísticas descritivas e análise de regressão para analisar os dados. O estudo encontrou uma correlação positiva significativa entre a exposição a programas agrícolas de rádio e os níveis de conhecimento dos jovens relativamente às práticas agrícolas no Estado de Benue, indicando a eficácia desses programas na divulgação de informação e na consciencialização. Apesar do aumento dos conhecimentos, o estudo identificou vários factores socioeconómicos, como o acesso à terra, as restrições financeiras e a falta de redes de apoio, que dificultaram a tradução dos conhecimentos em acções entre os jovens participantes.

O estudo concluiu que os programas agrícolas de rádio desempenham um papel crucial no aumento do conhecimento e da consciencialização dos jovens relativamente às práticas agrícolas no Estado de Benue. No entanto, é essencial abordar as barreiras socioeconómicas para garantir uma participação e um envolvimento significativos dos jovens no sector agrícola. O estudo recomendou que, para maximizar o impacto dos programas agrícolas de rádio, os decisores políticos e as partes interessadas devem concentrar-se na implementação de intervenções específicas destinadas a resolver os constrangimentos socioeconómicos enfrentados pelos jovens participantes, incluindo o acesso à terra, ao financiamento e às infra-estruturas de apoio.

2.4 Quadro teórico

2.4.1 Teoria do Desenvolvimento dos Media

A teoria dos media de desenvolvimento é um quadro que explora o papel dos media na facilitação dos processos de desenvolvimento nas sociedades. Proposto por Dennis McQuail em 1987, a teoria sugere que os media podem desempenhar um papel crucial na promoção do desenvolvimento social, económico e político, influenciando atitudes, comportamentos e conhecimentos entre indivíduos e comunidades . Eis alguns dos princípios fundamentais da teoria dos media de desenvolvimento, juntamente com as suas aplicações:

1. **Comunicação como desenvolvimento**: A teoria dos media para o desenvolvimento encara a comunicação não apenas como um instrumento de transmissão de informação, mas como um aspeto fundamental do próprio desenvolvimento. Uma comunicação eficaz pode conduzir à mudança social, à capacitação e à melhoria dos meios de subsistência.

2. **Abordagem participativa**: Esta teoria enfatiza a importância de envolver as comunidades no processo de comunicação. Reconhece o contexto local e encoraja a participação dos membros da comunidade na criação e divulgação de conteúdos mediáticos que respondam às suas necessidades e prioridades.
3. **Comunicação de Mudança de Comportamento (BCC)**: A teoria dos meios de comunicação para o desenvolvimento destaca o papel dos meios de comunicação na promoção de mudanças comportamentais positivas. As campanhas de BCC utilizam várias plataformas dos meios de comunicação para sensibilizar, educar e incentivar os indivíduos a adoptarem práticas mais saudáveis, como o planeamento familiar, a prevenção de doenças ou a conservação do ambiente.
4. **Reforço das capacidades**: Os media podem aumentar a capacidade dos indivíduos e das comunidades para participarem em iniciativas de desenvolvimento. Através de programas educativos, workshops de formação e acesso à informação, os meios de comunicação social podem capacitar as pessoas com os conhecimentos e as competências necessárias para enfrentar os desafios sociais e económicos.
5. **Sensibilidade cultural**: A teoria dos meios de comunicação para o desenvolvimento sublinha a importância de respeitar os valores e normas culturais aquando da conceção de intervenções de comunicação. As mensagens dos media devem ser culturalmente sensíveis e relevantes para o público-alvo para garantir a sua aceitação e eficácia.
6. **Abordagem multiplataforma**: Na atual era digital, as iniciativas de desenvolvimento dos meios de comunicação empregam frequentemente uma combinação de plataformas tradicionais e de novos meios de comunicação

para atingir diversos públicos. Isto inclui a rádio, a televisão, as redes sociais, os telemóveis e os meios de comunicação social baseados na comunidade.

7. **Avaliação e feedback**: As intervenções dos media de desenvolvimento devem ser avaliadas regularmente para avaliar o seu impacto e eficácia. O feedback do público-alvo ajuda a aperfeiçoar as estratégias de comunicação e a adaptar os conteúdos para melhor satisfazer as necessidades da comunidade.

Aplicações da teoria dos meios de desenvolvimento:

1. **Promoção da saúde**: A teoria dos meios de desenvolvimento é amplamente aplicada em campanhas de promoção da saúde, abordando questões como a prevenção do VIH/SIDA, a saúde materna e infantil, o saneamento e a higiene. As plataformas dos media são utilizadas para divulgar informações, desmistificar mitos e promover comportamentos saudáveis.
2. **Educação**: Os media desempenham um papel crucial na educação, especialmente em regiões com acesso limitado à escolaridade formal. As iniciativas de desenvolvimento dos meios de comunicação utilizam a rádio, a televisão e os telemóveis para fornecer conteúdos educativos, incluindo programas de alfabetização, formação profissional e ensino à distância.
3. **Desenvolvimento comunitário**: A teoria dos media de desenvolvimento é aplicada em projectos de desenvolvimento comunitário destinados a enfrentar vários desafios sociais e económicos, tais como a redução da pobreza, a extensão agrícola, a capacitação das mulheres e a preparação para catástrofes.
4. **Participação política**: Os meios de comunicação social podem facilitar o envolvimento dos cidadãos e a participação democrática, proporcionando plataformas para o discurso público, o debate político e a educação cívica. As

iniciativas de desenvolvimento dos meios de comunicação social promovem a transparência, a responsabilidade e a boa governação.

A teoria dos media de desenvolvimento pode ser usada como uma ferramenta para a mudança social e o desenvolvimento através da disseminação de informação, da consciencialização e da promoção de mudanças comportamentais positivas entre a audiência. Quando aplicada à influência dos programas agrícolas de rádio na participação dos jovens na agricultura no Estado de Benue, os programas agrícolas de rádio podem disseminar informações importantes sobre técnicas agrícolas modernas, tendências de mercado, políticas agrícolas do governo e recursos disponíveis para os jovens interessados na agricultura. Esta informação dá aos jovens os conhecimentos de que necessitam para se envolverem eficazmente nas actividades agrícolas.

2.5 Resumo do capítulo

Este capítulo analisou os conceitos de rádio, programa de rádio e programas agrícolas. Além disso, a revisão da literatura relacionada foi amplamente discutida, tal como a revisão dos trabalhos empíricos. O estudo baseou-se na teoria dos media de desenvolvimento, que sugere que os media podem desempenhar um papel crucial na promoção do desenvolvimento social, económico e político, influenciando atitudes, comportamentos e conhecimentos entre indivíduos e comunidades.

CAPÍTULO TRÊS

METODOLOGIA DE INVESTIGAÇÃO

3.1 Conceção da investigação

O método de investigação para este trabalho é o inquérito. De acordo com Kerlinger (1979), a investigação por inquérito pode ser descrita como aquela em que as amostras são escolhidas e estudadas numa tentativa de descobrir a incidência relativa, a distribuição e a inter-relação de variáveis sociológicas e fisiológicas. Além disso, o método de investigação por inquérito tem certas vantagens, como afirmam Wimmer e Dominic (1987). Em primeiro lugar, pode ser recolhida com relativa facilidade uma grande quantidade de dados junto de uma variedade de pessoas com diferentes antecedentes demográficos e psicográficos. Em segundo lugar, o instrumento de investigação pode ser utilizado para investigar problemas num ambiente realista, em vez de num laboratório ou numa sala de projeção, e o custo do inquérito é razoável. Por último, os dados são úteis quando já existe um inquérito que pode ser utilizado como fonte primária ou secundária de informação para apoiar o inquérito.

3.2 População do estudo

A população escolhida para esta investigação inclui estudantes, funcionários públicos e empresários do Estado de Benue. De acordo com o Gabinete Nacional de Estatística, a população projectada para o Estado de Benue é de 5 741 800 habitantes (NBS 2023).

3.3 Tamanho da amostra

Para obter uma dimensão exacta da amostra da população, o investigador utilizou a fórmula de Taro Yamane para determinar a dimensão da amostra da população. Taro Yamane (1967). A fórmula de Taro Yamane é a seguinte

$$N= \frac{N}{1+N\,(e)^2}$$

Tamanho da amostra =

$$\frac{5,741,800}{1+5,741,800(.05)^2}$$

$$\frac{5,741,800}{1+ 5,741,800(0.0025)}$$

5,741,800 X 0.0025= 14,354.5

5.741.800 dividir por 14.354,5=400

Por conseguinte, n = 400

3.4 Técnica e procedimento de amostragem

As técnicas de amostragem aleatória e de amostragem intencional foram utilizadas para selecionar a amostra para a população deste estudo. A técnica de amostragem aleatória simples foi utilizada para selecionar algumas autarquias locais específicas do Estado de Benue com base na sua relevância para o estudo. O investigador escreveu os nomes das diferentes autarquias locais do Estado de Benue num papel, dobrou-os e colocou-os num recipiente e baralhou-os. Assim, o investigador selecionou aleatoriamente cinco pedaços de papel com os nomes de cinco autarquias locais do Estado de Benue. Este resultado mostrou que Makurdi, Gboko, Otukpo e Oju foram escolhidos para a administração do questionário. Por conseguinte, o investigador utilizou a técnica de amostragem intencional para selecionar 80 inquiridos de cada uma das administrações locais supramencionadas para administrar o questionário relativo a este estudo, o que perfaz um total de 400 inquiridos.

3.5 Instrumento de investigação e administração

O instrumento de investigação utilizado para este estudo é o questionário, que foi administrado a 400 inquiridos a fim de obter as informações necessárias para o estudo. A escolha do questionário baseia-se no que Kreeps (1991) disse sobre o questionário - pode ser produzido em massa e distribuído de forma barata. O investigador foi pessoalmente ao terreno e aplicou as 400 cópias do questionário aos inquiridos para obter as informações relevantes para o estudo.

3.6 Fontes de recolha de dados

As fontes primárias e secundárias são ambas utilizadas na recolha de dados para a investigação. As fontes primárias derivam das questões de investigação colocadas no questionário, enquanto as fontes secundárias foram obtidas a partir de materiais de biblioteca, como livros, revistas, artigos não publicados, bem como fontes em linha.

3.7 Método de análise de dados

Os dados recolhidos para o estudo são apresentados em tabelas com percentagens simples utilizadas para determinar a frequência das respostas em cada pergunta do questionário. Por outras palavras, os dados recolhidos para a investigação são analisados através de estatísticas simples, enquanto os pormenores sobre a frequência das respostas foram expressos por palavras.

CAPÍTULO QUATRO

APRESENTAÇÃO E ANÁLISE DE DADOS

4.1 Apresentação dos dados

O foco deste capítulo é a apresentação dos dados recolhidos no inquérito realizado pelo investigador através do questionário administrado. O investigador distribuiu 400 exemplares do questionário, mas apenas 382 foram recuperados, tendo os outros 18 sido preenchidos incorretamente. Isto implica que a apresentação e a análise se baseiam nas respostas dos 382 inquiridos.

Quadro 1: Dados demográficos dos inquiridos

Opções	Frequência	Percentagem %
Masculino	175	46
Feminino	207	54
Total	**382**	**100**
Opções	**Frequência**	**Percentagem %**
18-25	168	44
26-35	106	28
36-45	56	15
46-50	32	8
51 e mais	30	8
Total	**382**	**100**
Opções	**Frequência**	**Percentagem %**
	95	25
	45	12
Funcionário público	141	37
Estudante	62	16
	39	10
Total	**382**	**100**
Total	**382**	**100**
Individual	220	57
Casado	166	43
Separados	--	--
Total	**382**	**100**

Fonte: Inquérito de campo, 2024

O Quadro 1 apresenta os dados demográficos dos inquiridos. A distribuição por género revelou que 175 (46%) eram homens e 207 (54%) eram mulheres. A implicação é, portanto, que as mulheres dominaram este estudo. Além disso, a distribuição por idade revelou que 168 (44%) tinham entre 18 e 25 anos, 106 (28%) tinham entre 26 e 35 anos, 56 (15%) tinham entre 36 e 45 anos, 32 (8%) tinham entre 46 e 50 anos e 30 (8%) tinham 51 anos ou mais. Isto implica que os inquiridos são suficientemente maduros. A distribuição profissional indicou que 95 (25%) eram comerciantes, 45 (12%) eram agricultores, 141 (37%) eram funcionários públicos, 62 (16%) eram estudantes e 39 (10%) eram artesãos. Por último, a distribuição conjugal indicou que 220 (57%) eram solteiros, enquanto 166 (43%) eram casados. Isto implica que os solteiros dominaram o estudo.

Tabela 2: Consciência dos inquiridos sobre o papel do Farmer Digest da Rádio Benue na promoção da participação dos jovens na agricultura

Opções	Frequência	Percentagem %
Sim	382	100
Não	--	--
Total	**382**	**100**

Fonte: Inquérito de campo, 2024

O Quadro 2 procurava saber se os inquiridos conhecem o papel do Farmers Digest da Rádio Benue na promoção da participação dos jovens no Estado de Benue. Evidentemente, todos os 382 inquiridos (100%) conhecem o papel do Farmers Digest da Rádio Benue na promoção da participação dos jovens no Estado de Benue. Isto significa que os inquiridos são ouvintes do Farmers Digest da Rádio Benue, pelo que estão conscientes do seu papel na promoção da participação dos jovens no Estado de Benue.

Tabela 3: Papel do Farmer Digest da Radio Benue na promoção da participação dos jovens na agricultura

Opções	Frequência	Percentagem %

Divulgação de informações agrícolas	153	40
Incentivar os jovens a dedicarem-se à agricultura	104	27
Formação da opinião pública sobre a agricultura	88	23
Todas as opções anteriores	37	10
Total	**382**	**100**

Fonte: Inquérito de campo, 2024

A Tabela 3 procurou determinar o papel do Farmers Digest da Rádio Benue na promoção da participação dos jovens no Estado de Benue. Os dados do quadro revelaram que 153 (40%) concordaram que o papel da Rádio Benue's Farmers Digest na promoção da participação dos jovens no Estado de Benue é a divulgação de informação agrícola, 104 (27%) concordaram que o papel da Rádio Benue's Farmers Digest na promoção da participação dos jovens no Estado de Benue é incentivar os jovens a dedicarem-se à agricultura, 88 (23%) afirmaram que o papel da Rádio Benue's Farmers Digest na promoção da participação dos jovens no Estado de Benue é a formação da opinião pública sobre a agricultura, enquanto 37 (10%) disseram que o papel da Rádio Benue's Farmers Digest na promoção da participação dos jovens no Estado de Benue inclui a divulgação de informação agrícola, o incentivo à participação dos jovens na agricultura e a formação da opinião pública sobre a agricultura. Isto significa que a Rádio Benue desempenha um papel ativo na promoção da participação dos jovens no Estado de Benue.

Quadro 4: Consciência dos inquiridos sobre a eficácia do Farmers Digest da Radio Benue na promoção da participação dos jovens na agricultura

Opções	Frequência	Percentagem %
Sim	382	100
Não	--	--
Total	**382**	**100**

Fonte: Inquérito de campo, 2024

O Quadro 4 procurou averiguar o conhecimento dos inquiridos sobre a eficácia do Farmers Digest da Rádio Benue na promoção da participação dos jovens na agricultura no Estado de Benue. Os dados do quadro revelam que todos os 382 inquiridos (100%) estão cientes da eficácia do Farmers Digest da Rádio Benue na promoção da participação dos jovens na agricultura no Estado de Benue. Isto implica que os inquiridos conhecem a eficácia do Farmers Digest da Rádio Benue na promoção da participação dos jovens na agricultura no Estado de Benue, como mostra a maioria absoluta de 382 (100%).

Quadro 5: Eficácia do Farmers Digest da Radio Benue na promoção da participação dos jovens na agricultura

Opções	Frequência	Percentagem %
Muito eficaz	183	48
Eficaz	102	27
Menos eficaz	69	18
Não eficaz	28	7
Total	**382**	**100**

Fonte: Inquérito de campo, 2024

A Tabela 5 procurou determinar a eficácia do Farmers Digest da Rádio Benue na promoção da participação dos jovens na agricultura. Os dados da tabela mostraram que 183 (48%) notaram que a Rádio Benue's Farmers Digest é muito eficaz na promoção da participação dos jovens na agricultura, 102 (27%) afirmaram que a Rádio Benue's Farmers Digest é eficaz na promoção da participação dos jovens na agricultura, 69 (18%) opinaram que a Rádio Benue's Farmers Digest é menos eficaz na promoção da participação dos jovens na agricultura, enquanto 28 (7%) concordaram que a Rádio Benue's Farmers Digest não é eficaz na promoção da participação dos jovens na agricultura. Isto implica que o Farmers Digest da Rádio Benue é muito eficaz na promoção da participação dos jovens na agricultura no Estado de Benue, como mostra uma maioria marginal de 183 (48%).

Tabela 6: Consciência dos inquiridos sobre os desafios que dificultam a promoção da participação dos jovens na agricultura pelo Radio Benue's Framers Digest

Opções	Frequência	Percentagem %
Sim	382	100
Não	--	--
Total	**382**	**100**

Fonte: Inquérito de campo, 2024

A Tabela 6 procurou saber se os inquiridos conhecem os desafios que dificultam a participação dos jovens na agricultura com o Farmers Digest da Rádio Benue. Evidentemente, todos os 382 (100%) conhecem os desafios que dificultam a promoção da participação dos jovens na agricultura pela Rádio Benue's Farmers Digest, como mostra a maioria absoluta de 382 (100%).

Quadro 7: Desafios que dificultam a promoção da participação dos jovens na agricultura pelo Framers Digest da Radio Benue

Opções	Frequência	Percentagem %
Falta de financiamento adequado	123	32
Programação deficiente	101	26
Controlo governamental	91	24
Equipamento de radiodifusão obsoleto	67	17
Total	**382**	**100**

Fonte: Inquérito de campo, 2024

A Tabela 7 procurou determinar os desafios que impedem a Radio Benue's Farmers Digest de promover a participação dos jovens na agricultura no Estado de Benue. Os dados da tabela indicaram que 123 (32%) concordaram que a falta de financiamento adequado é o desafio que impede a Rádio Benue's Farmers Digest de promover a participação dos jovens na agricultura, 101 (26%) afirmaram que uma programação deficiente é o desafio que impede a Rádio Benue's Farmers Digest de promover a participação dos jovens na agricultura, 91 (24%) opinaram que o controlo governamental é o desafio que impede a Rádio Benue's Farmers Digest de promover a participação dos jovens na agricultura, enquanto 67 (17%) disseram que o equipamento de transmissão obsoleto é o desafio que impede a Rádio Benue's Farmers Digest de promover a participação dos jovens na agricultura. Isto implica que vários desafios impedem a Rádio Benue's Farmers Digest de promover a participação dos jovens na agricultura, como mostram os dados da tabela.

Quadro 8: Consciência dos inquiridos sobre a solução para os desafios que dificultam a promoção da participação dos jovens na agricultura no boletim dos agricultores da Rádio Benue

Opções	Frequência	Percentagem %

Sim	361	95
Não	21	5
Total	**382**	**100**

Fonte: Inquérito de campo, 2024

O Quadro 8 procurou saber qual o conhecimento dos inquiridos sobre as soluções para os desafios que dificultam a participação dos jovens na agricultura no Estado de Benue através do Radio Benue's farmers Digest. Os dados revelaram que todos os 361 (95%) conhecem as soluções para os desafios que dificultam a participação dos jovens na agricultura no Estado de Benue através do Radio Benue's farmers Digest, ao passo que 21 (5%) não têm conhecimento dos desafios que dificultam a participação dos jovens na agricultura no Estado de Benue através do Radio Benue's farmers Digest. Isto implica que os inquiridos conhecem as soluções para os desafios que impedem a Radio Benue's farmers Digest de promover a participação dos jovens na agricultura no Estado de Benue, como demonstrado por uma maioria marginal de 361 (95%).

Quadro 9: Solução para os desafios que dificultam a promoção da participação dos jovens na agricultura pelo Farmers Digest da Radio Benue

Opções	Frequência	Percentagem %
Disponibilização de financiamento adequado	117	31
Desenvolvimento de programas agrícolas sólidos	97	25

Ausência de controlo governamental	95	25
Fornecimento de equipamento de radiodifusão	73	19
Total	**382**	**100**

Fonte: Inquérito de campo, 2024

O Quadro 9 procurou determinar as soluções para os desafios que dificultam a participação dos jovens na agricultura, através do Radio Benue's farmers Digest. Os dados do quadro mostram que 117 (31%) concordaram que a solução para os desafios que impedem a Rádio Benue's farmers Digest de promover a participação dos jovens na agricultura é a disponibilização de financiamento adequado, 97 (25%) disseram que a solução para os desafios que impedem a Rádio Benue's farmers Digest de promover a participação dos jovens na agricultura no Estado de Benue é o desenvolvimento de programas agrícolas sólidos, 95 (25%) afirmaram que a ausência de controlo governamental é a solução para os desafios que impedem a Radio Benue's farmers Digest de promover a participação dos jovens na agricultura no Estado de Benue, enquanto 73 (19%) afirmaram que a solução para os desafios que impedem a Radio Benue's farmers Digest de promover a participação dos jovens na agricultura no Estado de Benue é o fornecimento de equipamento de transmissão. Isto implica que os desafios que impedem a Rádio Benue's farmers Digest de promover a participação dos jovens na agricultura no Estado de Benue.

4.2 Responder a perguntas de investigação

Primeira questão de investigação: Qual é o papel do *Farmers Digest* da Rádio Benue na promoção da participação dos jovens na agricultura no Estado de Benue?

Os quadros 2 e 3 respondem a esta questão de investigação. A partir do quadro 2, é evidente que todos os 382 inquiridos (100%) estão conscientes do papel do Farmers Digest da Rádio Benue na promoção da participação dos jovens no Estado de Benue. Isto significa que os inquiridos são ouvintes do Farmers Digest da Rádio Benue, pelo que estão conscientes do seu papel na promoção da participação dos jovens no Estado de Benue.

Os dados da tabela 3 revelaram que 153 (40%) concordaram que o papel da Rádio Benue's Farmers Digest na promoção da participação dos jovens no Estado de Benue é a disseminação de informação agrícola, 104 (27%) concordaram que o papel da Rádio Benue's Farmers Digest na promoção da participação dos jovens no Estado de Benue é encorajar os jovens a envolverem-se na agricultura, 88 (23%) afirmaram que o papel da Rádio Benue's Farmers Digest na promoção da participação dos jovens no Estado de Benue é a formação da opinião pública sobre a agricultura, enquanto 37 (10%) disseram que o papel da Rádio Benue's Farmers Digest na promoção da participação dos jovens no Estado de Benue inclui a divulgação de informação agrícola, o incentivo à participação dos jovens na agricultura e a formação da opinião pública sobre a agricultura. Isto implica que a Rádio Benue desempenha um papel ativo na promoção da participação dos jovens no Estado de Benue.

Segunda pergunta de investigação: Qual é a eficácia do *Farmers Digest* da Radio Benue na promoção da participação dos jovens na agricultura no Estado de Benue?

Os quadros 4 e 5 foram úteis para responder a esta questão de investigação. Os dados do quadro 4 revelaram que todos os 382 inquiridos (100%) estão cientes da eficácia do Farmers Digest da Rádio Benue na promoção da participação dos jovens na agricultura no Estado de Benue. Isto significa que os inquiridos conhecem a eficácia do Farmers Digest da Rádio Benue na promoção da participação dos jovens na agricultura no Estado de Benue, como mostra a maioria absoluta de 382 (100%).

Os dados da tabela 5 mostraram que 183 (48%) notaram que a Rádio Benue's Farmers Digest é muito eficaz na promoção da participação dos jovens na agricultura, 102 (27%) afirmaram que a Rádio Benue's Farmers Digest é eficaz na promoção da participação dos jovens na agricultura, 69 (18%) opinaram que a Rádio Benue's Farmers Digest é menos eficaz na promoção da participação dos jovens na agricultura, enquanto 28 (7%) concordaram que a Rádio Benue's Farmers Digest não é eficaz na promoção da participação dos jovens na agricultura. Isto implica que a Farmers Digest da Rádio Benue é muito eficaz na promoção da participação dos jovens na agricultura no Estado de Benue, como demonstrado por uma maioria marginal de 183 (48%).

Questão de investigação três: Quais são os desafios que impedem a Radio Benue's *Farmers Digest* de promover a participação dos jovens na agricultura no Estado de Benue?

Os quadros 6 e 7 respondem a esta questão de investigação. A partir do quadro 6, todos os 382 (100%) conhecem os desafios que impedem o Farmers Digest da Rádio Benue de promover a participação dos jovens na agricultura, como mostra a maioria absoluta de 382 (100%).

Os dados da tabela 7 indicam que 123 (32%) concordaram que a falta de financiamento adequado é o desafio que impede a Rádio Benue's Farmers Digest de promover a participação dos jovens na agricultura, 101 (26%) afirmaram que uma programação deficiente é o desafio que impede a Rádio Benue's Farmers Digest de promover a participação dos jovens na agricultura, 91 (24%) opinaram que o controlo governamental é o desafio que impede a Rádio Benue's Farmers Digest de promover a participação dos jovens na agricultura, enquanto 67 (17%) disseram que o equipamento de transmissão obsoleto é o desafio que impede a Rádio Benue's Farmers Digest de promover a participação dos jovens na agricultura. Isto implica que são vários os desafios que impedem a Rádio Benue's Farmers Digest de promover a participação dos jovens na agricultura, como mostram os dados do quadro.

Quarta questão de investigação: Qual é a solução para os desafios que impedem a Radio Benue's *Farmers Digest* de promover a participação dos jovens na agricultura no Estado de Benue?

Os quadros 8 e 9 apresentam as respostas à pergunta. Os dados do quadro 8 mostram que todos os 361 (95%) conhecem as soluções para os desafios que dificultam a participação dos jovens na agricultura no Estado de Benue, enquanto 21 (5%) não conhecem os desafios que dificultam a participação dos jovens na agricultura no Estado de Benue. Isto implica que os inquiridos conhecem as soluções para os desafios que impedem a Radio Benue's farmers Digest de promover a participação dos jovens na agricultura no Estado de Benue, como demonstrado por uma maioria marginal de 361 (95%).

Os dados da tabela 9 mostram que 117 (31%) concordaram que a solução para os desafios que impedem a Radio Benue's farmers Digest de promover a participação dos jovens na agricultura é a disponibilização de financiamento adequado, 97 (25%) disseram que a solução para os desafios que impedem a Radio Benue's farmers Digest de promover a participação dos jovens na agricultura no Estado de Benue é o desenvolvimento de programas agrícolas sólidos, 95 (25%) afirmaram que a ausência de controlo governamental é a solução para os desafios que impedem a Rádio Benue's farmers Digest de promover a participação dos jovens na agricultura no Estado de Benue, enquanto 73 (19%) afirmaram que a solução para os desafios que impedem a Rádio Benue's farmers Digest de promover a participação dos jovens na agricultura no Estado de Benue é o fornecimento de equipamento de transmissão. Isto implica que os desafios que impedem a Rádio Benue's farmers Digest de promover a participação dos jovens na agricultura no Estado de Benue.

4.3 Discussão dos resultados

Este estudo foi concebido para avaliar a influência do programa Radio Agricultural na participação dos jovens na agricultura no Estado de Benue: Um estudo sobre a Radio Benue's *Farmers Digest* tem os seguintes objectivos: descobrir o papel da Radio Benue's *Farmers Digest* na promoção da participação dos jovens na agricultura no Estado de Benue, determinar a eficácia da Radio Benue's *Farmers Digest* na promoção da participação dos jovens na agricultura no Estado de Benue, estabelecer os desafios que impedem a Radio Benue's *Farmers Digest* de promover a participação dos jovens na agricultura no Estado de Benue e propor soluções para os desafios que impedem a Radio Benue's *Farmers Digest* de promover a participação dos jovens na agricultura no Estado de Benue.

O primeiro objetivo era descobrir o papel do *Farmers Digest* da Rádio Benue na promoção da participação dos jovens na agricultura no Estado de Benue. Os resultados indicaram que a Rádio Benue desempenha um papel ativo na promoção da participação dos jovens no Estado de Benue. Foi revelado que todos os 382 inquiridos (100%) estão cientes do papel do Farmers Digest da Rádio Benue na promoção da participação dos jovens no Estado de Benue. Os quadros 2 e 3 confirmam estas conclusões. Na tabela 2, é evidente que todos os 382 inquiridos (100%) estão conscientes do papel do Farmers Digest da Rádio Benue na promoção da participação dos jovens no Estado de Benue. Isto significa que os inquiridos são ouvintes do Farmers Digest da Rádio Benue, o que os leva a conhecer o seu papel na promoção da participação dos jovens no Estado de Benue.

Os dados da tabela 3 revelaram que 153 (40%) concordaram que o papel da Rádio Benue's Farmers Digest na promoção da participação dos jovens no Estado de Benue é a disseminação de informação agrícola, 104 (27%) concordaram que o papel da Rádio Benue's Farmers Digest na promoção da participação dos jovens no Estado de Benue é encorajar os jovens a envolverem-se na agricultura, 88 (23%) afirmaram que o papel da Rádio Benue's Farmers Digest na promoção da participação dos jovens no Estado de Benue é a formação da opinião pública sobre a agricultura, enquanto 37 (10%) disseram que o papel da Rádio Benue's Farmers Digest na promoção da participação dos jovens no Estado de Benue inclui a divulgação de informação agrícola, o incentivo à participação dos jovens na agricultura e a formação da opinião pública sobre a agricultura. Isto significa que a Rádio Benue desempenha um papel ativo na promoção da participação dos jovens no Estado de Benue.

O relatório da PCU do NAERLS (2004) corroborou esta constatação, pois observou que, de entre tantos canais, os meios de comunicação social convencionais, a rádio e a televisão tornaram-se forças poderosas, acessíveis e relevantes de inovação e transformação agrícola para os decisores políticos da Nigéria, que transferiram o seu potencial para desencadear inovações nos agricultores. A televisão provou ser um meio poderoso e de baixo custo para a extensão de agricultor para agricultor e para expor as comunidades rurais a novas ideias e práticas. As inovações dos agricultores são frequentemente moldadas por limitações de capital e dependem principalmente dos recursos disponíveis localmente, dos quais o conhecimento é um fator essencial.

O segundo objetivo visava determinar a eficácia do *Farmers Digest* da Rádio Benue na promoção da participação dos jovens na agricultura no Estado de Benue. Os resultados indicaram que o Farmers Digest da Rádio Benue é muito eficaz na promoção da participação dos jovens na agricultura no Estado de Benue. Quadros 4 e 5. Os dados do quadro 4 revelam que todos os 382 inquiridos (100%) estão cientes da eficácia do Farmers Digest da Rádio Benue na promoção da participação dos jovens na agricultura no Estado de Benue. Isto implica que os inquiridos conhecem a eficácia do Farmers Digest da Rádio Benue na promoção da participação dos jovens na agricultura no Estado de Benue, como mostra a maioria absoluta de 382 (100%).

Os dados da tabela 5 mostraram que 183 (48%) notaram que a Rádio Benue's Farmers Digest é muito eficaz na promoção da participação dos jovens na agricultura, 102 (27%) afirmaram que a Rádio Benue's Farmers Digest é eficaz na promoção da participação dos jovens na agricultura, 69 (18%) opinaram que a Rádio Benue's Farmers Digest é menos eficaz na promoção da participação dos jovens na agricultura, enquanto 28 (7%) concordaram que a Rádio Benue's Farmers Digest não é eficaz na promoção da participação dos jovens na agricultura. Isto implica que a Farmers Digest da Rádio Benue é muito eficaz na promoção da participação dos jovens na agricultura no Estado de Benue, como demonstrado por uma maioria marginal de 183 (48%).

Youdeowei (2018) corroborou esta conclusão quando observou que a importância da rádio como meio de comunicação de massas no reforço das actividades agrícolas na Nigéria é enorme. A agricultura, antes da descoberta do petróleo bruto, era o principal sector da economia da Nigéria e registou o maior empregador de mão de obra no país. Mais de oitenta por cento da população nigeriana são agricultores e residem nas zonas rurais. A acessibilidade das mensagens radiofónicas nas zonas rurais onde se realizam as actividades agrícolas fez da rádio um poderoso instrumento de comunicação entre as comunidades rurais de países em desenvolvimento como a Nigéria. As mensagens agrícolas na rádio podem chegar aos agricultores em zonas remotas isoladas pelo terreno ou pelas condições climatéricas.

O objetivo três procurou determinar os desafios que impedem o *Farmers Digest* da Rádio Benue de promover a participação dos jovens na agricultura no Estado de Benue. Os resultados revelaram que vários desafios impedem a Rádio Benue's Farmers Digest de promover a participação dos jovens na agricultura. Os quadros 6 e 7 foram utilizados para apoiar esta conclusão. Na tabela 6, todos os 382 (100%) conhecem os desafios que impedem a Rádio Benue's Farmers Digest de promover a participação dos jovens na agricultura, como mostra a maioria absoluta de 382 (100%). Os dados da tabela 7 indicam que 123 (32%) concordaram que a falta de financiamento adequado é o desafio que impede a Rádio Benue's Farmers Digest de promover a participação dos jovens na agricultura, 101 (26%) afirmaram que uma programação deficiente é o desafio que impede a Rádio Benue's Farmers Digest de promover a participação dos jovens na agricultura, 91 (24%) opinaram que o controlo governamental é o desafio que impede a Rádio Benue's Farmers Digest de promover a participação dos jovens na agricultura, enquanto 67 (17%) disseram que o equipamento de transmissão obsoleto é o desafio que impede a Rádio Benue's Farmers Digest de promover a participação dos jovens na agricultura. Isto implica que vários desafios impedem a Rádio Benue's Farmers Digest de promover a participação dos jovens na agricultura, como mostram os dados da tabela.

Wood (1997) concorda com esta constatação quando argumenta que o desenvolvimento rural recebe uma cobertura mediática deficiente. A maioria dos repórteres considera o assunto de pouco interesse e relega os artigos sobre ele para os cantos mais afastados das notícias. Além disso, a prova deste facto é a raridade de emissões especializadas sobre agricultura. O problema explica-se, em parte, pela falta de formação no domínio do jornalismo agrícola, uma vez que a recolha e a difusão deste tipo de informação requerem experiência e competências variadas. Os conhecimentos de agronomia, de economia, de nutrição e de ambiente são indispensáveis para os jornalistas que pretendem compreender as questões agrícolas. Ao contrário de outros sectores, como o da saúde humana, não existe praticamente nenhum programa completo de jornalismo agrícola disponível na Nigéria que tenha em conta todos estes diferentes aspectos.

O objetivo quatro procurou apresentar soluções para os desafios que impedem a Rádio Benue's *Farmers Digest* de promover a participação dos jovens na agricultura no Estado de Benue. Os resultados revelaram que os desafios que impedem a Rádio Benue's Farmers Digest de promover a participação dos jovens na agricultura no Estado de Benue podem ser resolvidos por vários meios. Os quadros 8 e 9 confirmam esta conclusão. Os dados do quadro 8 mostram que todos os 361

(95%) conhecem as soluções para os desafios que dificultam a participação dos jovens na agricultura no Estado de Benue, enquanto 21 (5%) não têm conhecimento dos desafios que dificultam a participação dos jovens na agricultura no Estado de Benue. Isto implica que os inquiridos conhecem as soluções para os desafios que impedem a Radio Benue's farmers Digest de promover a participação dos jovens na agricultura no Estado de Benue, como demonstrado por uma maioria marginal de 361 (95%).

Os dados da tabela 9 mostram que 117 (31%) concordaram que a solução para os desafios que impedem a Radio Benue's farmers Digest de promover a participação dos jovens na agricultura é a disponibilização de financiamento adequado, 97 (25%) disseram que a solução para os desafios que impedem a Radio Benue's farmers Digest de promover a participação dos jovens na agricultura no Estado de Benue é o desenvolvimento de programas agrícolas sólidos, 95 (25%) afirmaram que a ausência de controlo governamental é a solução para os desafios que impedem a Rádio Benue's farmers Digest de promover a participação dos jovens na agricultura no Estado de Benue, enquanto 73 (19%) afirmaram que a solução para os desafios que impedem a Rádio Benue's farmers Digest de promover a participação dos jovens na agricultura no Estado de Benue é o fornecimento de equipamento de transmissão. Isto implica que os desafios que impedem a Radio Benue's farmers Digest de promover a participação dos jovens na agricultura no Estado de Benue podem ser resolvidos por vários meios. Omenesa (1992) corroborou esta constatação quando observou que, na Nigéria, o baixo nível de literacia dos agricultores torna necessária a utilização de um sistema multilingue para fornecer informação agrícola nas línguas nigerianas, o que maximizará a exploração de todo o potencial dos serviços de informação. Isto permitirá que a mensagem da extensão chegue a todos os agricultores, independentemente da sua língua materna ou língua étnica.

CAPÍTULO CINCO

RESUMO, CONCLUSÕES E RECOMENDAÇÕES

5.1 Resumo

O primeiro objetivo era descobrir o papel do *Farmers Digest* da Rádio Benue na promoção da participação dos jovens na agricultura no Estado de Benue. Os resultados indicaram que a Rádio Benue desempenha um papel ativo na promoção da participação dos jovens no Estado de Benue . Foi revelado que todos os 382 inquiridos (100%) estão cientes do papel do Farmers Digest da Rádio Benue na promoção da participação dos jovens no Estado de Benue. Os quadros 2 e 3 confirmam estas conclusões

O objetivo dois procurou determinar a eficácia do *Farmers Digest* da Rádio Benue na promoção da participação dos jovens na agricultura no Estado de Benue. Os resultados indicaram que O Farmers Digest da Radio Benue é muito eficaz na promoção da participação dos jovens na agricultura no Estado de Benue .

O objetivo três procurou determinar os desafios que impedem o *Farmers Digest* da Rádio Benue de promover a participação dos jovens na agricultura no Estado de Benue. Os resultados revelaram que vários desafios impedem a Rádio Benue's Farmers Digest de promover a participação dos jovens na agricultura. Os quadros 6 e 7 foram utilizados para corroborar esta conclusão.

O objetivo quatro procurou apresentar soluções para os desafios que impedem a Rádio Benue's *Farmers Digest* de promover a participação dos jovens na agricultura no Estado de Benue. Os resultados revelaram que os desafios que impedem a Rádio Benue's Farmers Digest de promover a participação dos jovens na agricultura no Estado de Benue podem ser resolvidos por vários meios. Os quadros 8 e 9 confirmam esta conclusão

Bf

5.2 Conclusão

O estudo concluiu que a Rádio Benue desempenha um papel ativo na promoção da participação dos jovens no Estado de Benue. Concluiu-se também que o Farmers Digest da Rádio Benue é muito eficaz na promoção da participação dos jovens na agricultura no Estado de Benue. Além disso, o estudo concluiu que há vários desafios que dificultam a promoção da participação dos jovens na agricultura pelo Farmers Digest da Rádio Benue. Por último, o estudo concluiu que os desafios que impedem a Rádio Benue's Farmers Digest de promover a participação dos jovens na agricultura no Estado de Benue podem ser resolvidos através de vários meios.

5.3 Recomendações

Com base nas conclusões deste estudo, foram feitas as seguintes recomendações;

1. Os programas agrícolas da Radio Benue devem ser continuamente utilizados para promover a participação dos jovens na agricultura.

2. Dado o carácter eficaz do *Farmers Digest* da Radio Benue na promoção da participação dos jovens na agricultura no Estado de Benue, o conteúdo do programa deve ser modificado periodicamente.

3. Deve ser fornecido equipamento de radiodifusão moderno para permitir uma experiência de radiodifusão sem problemas.

4. Devem ser patrocinados mais estudos sobre o papel dos programas agrícolas radiofónicos na promoção da participação dos jovens na agricultura

Referências

Abah, O.S. (2007). Vinhetas de Comunidades em Ação: An Exploration of Participatory Methodologies In Promoting Community Development in Nigeria, *Community Development Journal*, 42(4).

Adah, J. (2019). Impacto dos programas agrícolas de rádio na participação dos jovens na agricultura: Um estudo de caso do estado de Benue. *Jornal de Comunicação Agrícola*, 23(2), 112-129.

Brennan, M. A., & Barnett, R. V. (2009). *Fazendo a ponte entre a comunidade e o desenvolvimento dos jovens: Exploring theory, research, and application. Desenvolvimento Comunitário.* Florida

Chekwendu, D.O. & Omenesa, Z.E. (1997). Financial Implication of Radio and Television Agricultural Broadcast in Nigeria (Implicações financeiras da difusão agrícola na rádio e na televisão na Nigéria). *Journal of Agricultural Extension* /(I), 9-16.

Enyi, J.E. (2014). Desenvolvimento rural e comunitário na Nigéria: An Assessment. *Arabian Journal of Business and Management Review* (Nigerian Chapter) Vol. 2, No 2.

Gregory, A. (2000) *Problematising participation: a critical review of approaches to participation in evaluation theory.*

Griffins, S. O (2015). *Utilização contemporânea dos media nas instituições de ensino.* Nova Jersey: Maybest Publications.

Iorliam, T., & Achinge, P. (2018). Avaliação do impacto dos programas agrícolas de rádio na participação dos jovens na agricultura: Evidence from Benue State. *Revista Internacional de Economia Agrícola*, 4(2), 78-94.

Kenny, S. (1994). *Developing Communities for the Future: Community Development in Australia,* Thomas Nelson Australia, South Melbourne.

Littlejohn, S. W. (1999). *Theories of human communication (6ª ed.).* Albuquerque, NM: Wadsworth Publishing.

McCombs, M., e Shaw, D. L. (1972). *The agenda-setting function of mass media.* Public Opinion Quarterly 36: p. 176-187.

Melkote, S.R. (1991). *Communication for Development in the Third World; Theory and Practice.* Londres; SAGE Publications.

Moemeka, A.A. (1995). The Mass Media and Sustenance of Rural Development (Os meios de comunicação social e a sustentabilidade do desenvolvimento rural). Em Okigbo, C. (Ed.), *Media and sustainable development.* Nairobi: ACCE. Pp 133 - 187.

Myers, Y. (2018). O papel dos meios de comunicação de massa no desenvolvimento dos jovens. *Revista Pedagógica* Adal, 2(3), 56-88.

Relatório NAERLS e PCU (2004). *Avaliação da situação no terreno da produção agrícola da estação húmida de 2004 na Nigéria.* NAERLS, ABU, Zaria.

Nair, K. S., & s. White. 1987. Participation is the Key to Development Communication. *Media Development* 34 (4): 36-40.

Nwosu, T. (2019). *Radio-Unilag - A jornada para uma licença de transmissão de rádio.* Ibadan: New Generation Press.

Okunna, S. (2019). *Introdução à comunicação de massa.* Livros de Nova Geração.

Omenesa, Z. E. (1992). The Effect of Radio on Agricultural Development in the Northern States of Nigeria (O Efeito da Rádio no Desenvolvimento Agrícola nos Estados do Norte da Nigéria). In *proceedings of the Workshop on Recent Development in Cereal Production in Nigeria.* Durba Hotel, Kaduna.

Onu, A. P. (2020). Impacto da rádio no desenvolvimento agrícola. *Journal of Media and Development.* 3(4), 34-55.

Onyibe, J.E. e Omenesa, Z.E. (2002). Um inquérito ao público no Estado de Kano. Em *Agricultural Information Dissemination. Zaria:* NAERLS.

Ortese, P., & Ogbole, F. (2020). Envolvimento dos jovens na agricultura: O papel dos programas agrícolas de rádio no estado de Benue. *Agricultural Development Journal*, 15(1), 45-62.

Oso, D, Osola, O.B & Pate, A.J. (2012). Avaliação do papel dos meios de comunicação social na divulgação de tecnologias agrícolas entre os agricultores da área governamental local de Kaduna North do Estado de Kaduna, Nigéria; *Journal of Biology, Agriculture and Healthcare.* 3(6), 67-99.

Oyeyinka, B & Ayinde (2014). *Efeitos da fraude na Internet.* Em Morakinyo, E.O. e E.C. Agu (2015). Impacto percebido da fraude na Internet sobre os jovens no estado de Lagos, Lagos.

Ozowa N.V (2015). Necessidades de informação dos pequenos agricultores em África: *Boletim Trimestral da Associação Internacional de Informação Agrícola.* 3(3), 56-77.

Smith, S. (2020). *Os meios de comunicação social no ensino à distância na Nigéria no século XXI. Turkish Online Journal of Distance Education, 6(2),* 65-69.

Walter, L (1922). *Public opinion.* New York: Macmillan.

Instruções: Por favor, assinale (√) apenas ***na*** caixa apropriada.

Secção "A": Dados demográficos

1) Género

a) Homem [ ]

b) Feminino [ ]

2) Idade

a) 18-25 [ ]

b) 26-35 [ ]

c) 36-45 [ ]

d) 46-50 [ ]

e) 51 e mais [ ]

3) Ocupação

a) Comerciante [ ]

b) Agricultor [ ]

c) Funcionário público [ ]

d) Estudante [ ]

e) Artesão [ ]

4) Estado civil

a) Casado [ ]

b) Individual [ ]

c) Separados [ ]

SECÇÃO B:

5) Conhece o papel do *Farmers Digest* da Rádio Benue na promoção da participação dos jovens na agricultura no Estado de Benue?

a) Sim, tenho ( )

b) Não, não tenho ( )

6) Na sua opinião, qual é o papel do *Farmers Digest* da Rádio Benue na promoção da participação dos jovens na agricultura no Estado de Benue?

a) Difusão da informação agrícola ( )

b) Incentivar os jovens a dedicarem-se à agricultura ( )

c) Formação da opinião pública ( )

d) Todas as anteriores ( )

7) Conhece a eficácia do *Farmers Digest* da Radio Benue na promoção da participação dos jovens na agricultura no Estado de Benue?

a) Sim, tenho ( )

b) Não, não tenho ( )

8) Qual é a eficácia do *Farmers Digest* da Rádio Benue na promoção da participação dos jovens na agricultura no Estado de Benue?

a) Muito eficaz ( )

b) Eficaz ( )

c) Menos eficaz ( )

d) Não eficaz ( )

9) Conhece os desafios que impedem o *Farmers Digest* da Radio Benue de promover a participação dos jovens na agricultura no Estado de Benue?

a) Sim, tenho ( )

b) Não, não tenho ( )

10) Na sua opinião, quais são os desafios que impedem o *Farmers Digest* da Radio Benue de promover a participação dos jovens na agricultura no Estado de Benue?

a) Falta de financiamento adequado ( )

b) Má programação ( )

c) Controlo governamental ( )

d) Equipamento de radiodifusão obsoleto ( )

11) Sabe de que forma podem ser resolvidos os desafios que impedem o *Farmers Digest* da Radio Benue de promover a participação dos jovens na agricultura no Estado de Benue?

a) Sim, tenho ( )

b) Não, não tenho ( )

13) Quais são as formas de lidar com os desafios que dificultam o trabalho da Radio Benue's *Farmers Digest* na promoção da participação dos jovens na agricultura no Estado de Benue?

a) Disponibilização de financiamento adequado ( )

b. Desenvolvimento de programas agrícolas sólidos ( )

c) Ausência de controlo governamental ( )

d) Fornecimento de equipamento de radiodifusão de última geração ( )

FSC
www.fsc.org

MIX
Papier aus verantwortungsvollen Quellen
Paper from responsible sources
FSC® C105338

Printed by Books on Demand GmbH, Norderstedt / Germany